Lionel Cerdan

# Möbel aus Palettenholz

## 15 einfache Projekte zum Selberbauen

Bassermann

# Inhalt

**5 Gekonnt loslegen**

- 7 Warum Palettenholz?
- 8 Wo bekommt man Paletten?
- 8 Welche Paletten eignen sich?
- 10 Werkzeuge für ein bequemes Arbeiten
- 10 Wie zerlegt man eine Palette?
- 13 Wie behandelt man das Holz richtig vor?
- 17 Die grundlegende Ausstattung

**19 Die Projekte**

- 20 Wandregal
- 29 Garderobe mit Metallhaken
- 36 Couchtisch
- 44 Schreibtisch
- 52 Gemüsehorde
- 61 Niedriger Rolltisch
- 67 Spielzeugkiste
- 72 Schuhbänkchen
- 78 Polsterbank
- 87 Weinregal
- 92 Wandgarderobe in Groß
- 98 Regalleiter
- 108 Kräuterkasten
- 115 Sofa
- 123 Regal mit Ablagen

# Gekonnt loslegen

MÖBEL AUS PALETTENHOLZ

# Warum Palettenholz?

Das Arbeiten mit Holzpaletten bringt mehrere Vorteile. Ich zähle hier diejenigen auf, die mir am stichhaltigsten scheinen und die mich dazu brachten, mit diesem Grundstoff kreativ zu werden.

### Verfügbarkeit und Menge

Wenn man darauf achtet, bemerkt man sie schnell, die große Menge an Flachpaletten, die überall in der Umgebung von Geschäften, Baumärkten und Gewerbegebieten lagert. Für den Transport von Waren sind Paletten unerlässlich und werden daher häufig in großer Stückzahl gebraucht. Wir werden später sehen, welche verschiedenen Typen von Paletten sich für unsere Ideen eignen.

### Sorte und Qualität

Es gibt unzählige Arten von Paletten. Sie unterscheiden sich entweder in der Form, in der Art des verarbeiteten Holzes oder in der Stärke der Latten bzw. Planken. Diejenigen, die sich für unseren Gebrauch eignen, lassen sich einerseits überall finden. Andererseits ermöglicht es dieser Palettentypus, unterschiedliche Hölzer miteinander zu kombinieren, was die hergestellten Möbel lebendig wirkt lässt.

### Anschaffungskosten

Verarbeiten Sie eine weggeworfene Palette, entstehen Ihnen keinerlei Kosten. Es sei denn, Sie veranschlagen den Aufwand für die Suche danach und für ihren Transport. Doch das eigentliche Ausgangsmaterial ist kostenlos und im Überfluss vorhanden.

### Ökologischer Ansatz

Neben der Tatsache, dass die Holzpaletten gratis sind, kann man weitere persönliche Gründe für ihre Verarbeitung ins Feld führen. Wer eine liegengebliebene Flachpalette einsammelt, tut unserem Planeten etwas Gutes, weil er die Abfallmenge verringert, weil er das Holz einer Wiederverwertung zuführt und so direkten Einfluss auf seine Umgebung ausübt. Er vermeidet außerdem die Produktion überflüssigen Materials (darunter auch die Abholzung weiterer Bäume), unterläuft die herkömmlichen Vertriebswege (der Baumärkte beispielsweise) und verhilft einem bereits existierenden Material zu einem zweiten Leben.

## Wo bekommt man Paletten?

Da Holzpaletten dem Warentransport dienen, ist jedes Unternehmen, das Waren verschickt oder erhält eine mögliche Materialquelle. Die gängigsten Fundorte sind Gewerbegebiete, Industriezonen und Einkaufszentren. Suchen Sie die Lagerhallen und Anlieferungsbereiche von Geschäften ab, denn meist finden Sie ihre benötigten Flachpaletten dort. Zögern Sie nicht, die Angestellten zu fragen, was mit den überzähligen Paletten geschieht.
Der Einzelhändler in ihrer Nachbarschaft (der Bäcker, die Buchhandlung, das Bekleidungsgeschäft …) erhält ebenfalls regelmäßig Waren und weiß oft nicht wohin mit den Frachtpaletten, denken Sie daran. Manchmal erwarten Sie da schöne Überraschungen.

## Welche Paletten eignen sich?

Man kann zwei Familien von Frachtpaletten unterscheiden: die Europaletten und die Einwegpaletten. Bei beiden ist das Holz chemisch nicht vorbehandelt (ISPM Standard Nr. 15), wohl aber thermisch: So wird die Verbreitung von Parasiten und Pilzen verhindert. Ersichtlich macht das die per Brennstempel aufgebrachte Abkürzung HT (Englisch: heat treated, also »hitzebehandelt«).

**Europaletten** sind auf die Maße 120 x 80 cm (Länge x Breite) normiert und mit dem Schriftzug EUR oder EPAL gestempelt. Manche tragen weitere Hinweise, insbesondere farbige Paletten privater Unternehmen, die sie vermieten. Dennoch ist es üblich, auch diese Paletten zu entsorgen, sobald sie beschädigt sind oder weil manche Lieferanten sie nach dem Abladen nicht zurückholen.
Es ist von Vorteil, einheitliche und unverwüstliche Latten bzw. Planken zu verwenden:
- 120 cm lang
- 10 bzw. 14,5 cm breit
- 22 mm stark

Dass ihre hohe Belastbarkeit mit einem gewissen Gewicht einhergeht, ist eine Tatsache, die man bei bestimmten Konstruktionen nicht vernachlässigen darf.

## Europaletten

**Einwegpaletten**, auch Wegwerfpaletten oder Exportpaletten genannt, findet man am häufigsten. Sie unterliegen keiner Norm, weder in der Größe noch in der Stärke des Holzes. Ihre Lebensdauer ist auf einmalige Nutzung ausgelegt, was ihre schwachen Bretter (etwa 15 bis 18 mm stark) erklärt. Je nach Transportgut sind sie unterschiedlich lang, manchmal bis zu drei oder vier Meter, und ideal für große Konstruktionen. Im Durchschnitt jedoch ähneln ihre Maße, die zwischen 100 und 120 Zentimeter Länge und 60 bis 80 Zentimeter Breite schwanken, denen der Europalette. Auch weisen sie häufig Astlöcher oder andere Fehler im Holz auf.

## Einwegpaletten

## Werkzeuge für ein bequemes Arbeiten

**Für Ihre Sicherheit**
- ein Paar feste Schutzhandschuhe
- eine Schutzbrille
- eine Atemschutzmaske beim Schmirgeln

**Zur Mülltrennung**
- einen Kiste für Metallteile (Nägel, Klammern …)
- einen Sack für die Holzspäne
- einen Behälter für den Rest

Wenn Sie den Abfall vorher trennen, sparen Sie sich Zeit bei der Müllentsorgung auf dem Wertstoffhof.

## Wie zerlegt man eine Palette?

Je nach Typ und Zustand der Palette gibt es verschiedene Techniken, um sie auseinanderzunehmen:

**1** Das bekannteste und sicher am häufigsten eingesetzte Werkzeug ist eine Brechstange mit Kuhfuß (auch Brecheisen oder Geißfuß genannt). Da sie leicht und handlich ist, ist sie das ideale Werkzeug um die Bretter aufzuhebeln und die Nägel herauszuziehen. Sind die Latten gelöst, dreht man das Werkzeug um und holt mittels der keilförmigen Kuhfußklaue die Nägel heraus.

Um effizienter zu arbeiten und die Anzahl abgebrochener Planken zu verringern, setze ich zwei Brecheisen ein. Während das eine die Latte nach oben drückt, schiebt sich das zweite weiter nach hinten und hebt so das Brett hoch. Abwechselnd nutze ich Hebel- und Druckwirkung, bis sich die Planke von der Bohle löst.

**GEKONNT LOSLEGEN**

**2** Es gibt ein wenig bekanntes Werkzeug, das aus dem Kuhfuß weiterentwickelt wurde, eine Hebelstange mit zwei Fingern, im Englischen »Palettbuster« genannt. Sie finden es im Internet unter dem Suchbegriff »demolition and lifting bar«. Sein Gebrauch fällt leicht, weil man die Hebelwirkung des Armes ausnutzt. Doch die Anschaffung rentiert sich nur bei regelmäßigem Gebrauch.

**3** Eine weitere Technik ist die Anwendung von Holzkeilen und Hammer, ideal eingesetzt bei sehr stabilen Paletten. Sie verhindert, dass Latten brechen, verursacht aber viel Lärm. Drehen Sie ihre Palette um und legen Sie drei oder vier Keile unter die Bohlen, zwischen die Latten, die sie lösen wollen. Stellen Sie einen Holzklotz aufrecht auf eine der Planken und schlagen Sie mit dem Hammer darauf, bis sich die Planke von der Holzbohle löst. Wiederholen Sie den Vorgang bei den anderen Latten. Legen Sie die Keile jeweils in die Zwischenräume neben der Latte, die Sie lösen wollen.

④ Mit solide genagelten Paletten werden im Extremfall auch ein Stechbeitel oder eine Metallsäge fertig. Stemmen sie den Stechbeitel zwischen Latte und Bohle und schlagen Sie mit dem Hammer auf das Heft. Oder sägen Sie die Nägel mit der Metallsäge durch.

⑤ Um die Holzklötze abzumontieren, gibt es einen Trick: Man nutzt eine etwa 80 cm lange Schraubzwinge als Hebel. Das ist ein wirksamer und schneller Weg um die Klötze abzuheben. Dieselben Zwingen helfen Ihnen in späteren Konstruktionsschritten, die Bretter an Ort und Stelle zu halten.

## GEKONNT LOSLEGEN

# Wie behandelt man das Holz richtig vor?

**Nägel und Klammern entfernen**

 Für diesen Schritt brauchen Sie eine Kneifzange, einen Hammer, einen Kuhfuß und ein kleines, dünnes Brett aus Sperrholz.

Idealerweise dreht man die Latte um und klopft die Nägel mit dem Hammer so weit wie möglich heraus. Das macht es leichter sie herauszuziehen, wenn man das Brett umdreht. Mit dem Kuhfuß gelingt das schnell und bequem.

## MÖBEL AUS PALETTENHOLZ

**2** Wenn Nagelköpfe oder Klammern brechen, behilft man sich mit der Kneifzange. Damit sie dabei keine Druckstellen auf dem Holz hinterlässt, legen Sie ein Brettchen unter den Kopf der Zange. Ein Stück dünnes Sperrholz genügt als Unterlage. Bricht ein Nagel im Holz oder haben Sie die Nägel mit der Metallsäge durchgesägt, drücken Sie die Reste mit einem Splinttreiber heraus. Die Nägel, die beim Herausziehen gerade bleiben, sollten sie zur Weiterverwendung aufheben.

**GEKONNT LOSLEGEN**

### Das Holz abschleifen

**4** Um das Holz glatt zu schmirgeln gibt es verschiedene Wege, je nach Zustand der Oberfläche und nach gewünschtem Resultat. Sie können per Hand schleifen oder mit einer elektrischen Schleifmaschine. Eine Schleifmaschine ist schneller, verursacht aber auch mehr Staub; Schmirgeln per Hand ist besser geeignet, wenn es um kleine, präzise Korrekturen geht.

Um Unregelmäßigkeiten grob zu bearbeiten und störende Stellen zu entfernen, eignet sich Schleifpapier oder Schleifleinen in 80-er Körnung perfekt. Es beseitigt ohne große Anstrengung gröbere Fasern und Unregelmäßigkeiten im Holz. Achten Sie darauf, keine Dellen ins Holz zu schleifen, das Sandpapier scheuert stark!

**5** Eine komplett zerlegte Palette ergibt eine ganze Menge an Latten, Sparren, Balken und Klötzen für Ihre Möbelideen, abgesehen von den Nägeln, die Sie wiederverwenden können, vorausgesetzt sie sind gerade. Das optimale Recycling!

Beim Zerlegen sollten Sie zerbrochene oder dünne Latten weglegen. Sie könnten die Stabilität der geplanten Konstruktion beeinträchtigen, können aber, wenn man sie zuschneidet, verwendet werden – womöglich gerade wegen ihrer Fehler.

**⑤** Zur weiteren Vorbereitung des Holzes dienen Schleifpapiere der Körnung 120, 180 oder 240. Je feiner die Körnung (je höher also die Typenzahl des Papiers) desto besser treten die Qualität und die Maserung des Holzes hervor.

**⑥** Wenn Sie mit altem Holz arbeiten, das mit der Zeit grau geworden ist, ist es interessant, das Schleifen so zu dosieren, dass die Patina erhalten bleibt. In diesem Fall empfehle ich, die Unregelmäßigkeiten zunächst mit einer Drahtbürste zu bearbeiten, damit die unschönen Stellen hervortreten. Im folgenden Schritt schmirgeln Sie mit Stahlwolle weiter. Das erfordert mehr Anstrengung, aber das Ergebnis kann sich sehen lassen. Mit etwas Geduld erreichen Sie bei manchen Hölzern eine beinahe wächserne Oberfläche.

Von links nach rechts sehen Sie, wie das Holz sich durch Schleifen verändert:
- Latte 1: Originalzustand
- Latte 2: Stahlwolle
- Latte 3: Sandpapier Körnung 180
- Latte 4: Sandpapier Körnung 80

Je größer die Körnung des Schleifpapiers, desto mehr schwindet der Graueffekt. Das sollten Sie bei der Vorbereitung des Holzes im Kopf behalten.

# Die grundlegende Ausstattung

1. Fuchsschwanz (in manchen Fällen ist eine Stichsäge hilfreich)
2. Akkuschrauber
3. Holzbohrer, Bohrer mit Kegelfräser (Bohrfräser)
4. Bandmaß
5. Winkelmaß
6. Bleistift
7. Hammer
8. Schrauben verschiedener Länge je nach Stärke der Latten
9. Nägel
10. Schraubzwingen
11. Hobel
12. Schleifpapier in unterschiedlicher Körnung

# Die Projekte

# Wandregal

**Dieses schlichte Regal bringt einen Hauch von Leichtigkeit und Design in Ihre Innenausstattung. Die Nüchternheit der Linien in Verbindung mit der rohen Optik des Holzes setzt Ihre kleinen Alltagsobjekte ins rechte Licht.**

### Maße
- 80 x 46 cm

### Material
- 5 Planken à 80 cm Länge für die Rückwand
- 2 Latten à 46 cm Länge für die Querstreben
- 3 Latten à 46 cm Länge Maximum für die Regalböden
- 2 Aufhänger

## Vorbereitung der Rückwand

**1** Legen Sie die Planken für die Rückwand zur Begutachtung aus. Manchmal muss man verschiedene Anordnungen ausprobieren, um herauszufinden, welche Reihenfolge die schönste ist: Zögern Sie nicht, jede Latte auszutauschen.

> ⚠ Es kann passieren, dass die Kanten der Bretter nicht gerade sind: Die Planken liegen schlecht nebeneinander. Dann muss man nachschleifen oder in schweren Fällen gar hobeln. Lässt man die Kanten wie sie sind, gehört auch das zur Ästhetik und zum Charme von Palettenmöbeln.

## Querstreben schneiden

**2** Legen Sie die Querstreben auf die Rückwand und markieren Sie die Schnittlinie an den Kanten mit einem Bleistiftstrich.

**3** Übertragen Sie den Strich auf die Kanten und zeichnen Sie die Schnittlinie mithilfe des Winkelmaßes auf das Brett.

# WANDREGAL

**4.** Abgestoßene, angebrochene oder gespaltene Enden – Palettenbretter sind oft fehlerhaft.

Es ist sinnvoll, diese Fehler zu orten und die Bretter so zu legen, dass kaputte Teilstücke abgesägt werden können. So holen Sie das Maximum an Material aus den Brettern heraus.

> **👉 TRICK**
> Legen Sie ein Brett in der Stärke Ihrer Sägelade unter das Werkstück. So erreichen Sie mehr Stabilität beim Sägen und folglich eine saubere, präzise Schnittkante. Zudem haben Sie die optimale Sicherheit beim Sägen, weil das Brett gerade und stabil liegt und Sie so ohne Druck arbeiten können. Heben Sie sich daher jeweils Abfallbrettchen in den verschiedenen Stärken auf, damit sie immer das richtige zum Unterlegen finden.

**5.** Wiederholen Sie den Vorgang mit der zweiten Querstrebe.

> **👍 ZEITGEWINN**
> Nutzen Sie die erste Querstrebe, um die zweite richtig zu markieren.

## Befestigung der Querstreben an der Rückwand

❻ Drehen Sie die Planken der Rückwand um und legen Sie die Querstreben auf, um zu kontrollieren, ob sie die richtige Länge haben.

❼ Wenn Sie die Latten unregelmäßig nebeneinander legen, weil Sie den Charme der Unregelmäßigkeit schätzen, legen Sie das Winkelmaß an, um einen lotrechten Strich über die Rückwand zu ziehen.

❽ Liegen die Latten auf gleicher Höhe, markieren Sie die beiden äußeren Planken (auf 17 cm Höhe in unserem Fall) mit Bleistift. Richten Sie die Querstrebe an diesen Markierungen aus. (Für absolute Genauigkeit ziehen Sie einen Strich zwischen den beiden Markierungen.)

❾ Um die Länge der Schrauben herauszufinden, messen Sie die Stärke von Querstrebe und Rückwand und ziehen vom Ergebnis 5 mm ab. Dies verhindert, dass Ihre Schrauben auf die Vorderseite durchbrechen. Hier messen wir 50 mm, verwenden also Schrauben mit maximal 45 mm Länge (50 mm – 5 mm). Ich habe Schrauben mit 4 x 40 mm gewählt. Sie reichen für eine solide Befestigung aus.

**10** Um einen soliden und gleichmäßigen Halt zu erreichen, befestigen Sie die Querstreben an den äußeren Latten mit zwei Schrauben. Für die inneren reicht eine Schraube.

## Zusägen und Fixieren der Regalbretter

**11** Bei diesem Schritt können Sie Ihrer Phantasie freien Lauf lassen. Anzahl, Länge oder Breite sind variabel, je nach Geschmack, Notwendigkeit und Menge vorhandener Bretter. Mit unterschiedlichen Brettern unterschiedlicher Baumarten, Farben und Stärken wirkt das Endprodukt dynamisch. Sie können sogar Regalbretter mit Fehlern verbauen (hier eine angebrochene Latte), solange sie stabil genug ist: Ihr Wandregal wird dadurch umso einzigartiger!

**12** Um die Regalbretter zu befestigen, legen Sie sie an die geplante Stelle und ziehen Sie zwei Bleistiftstriche über die Kanten der Wand.

**13** Zwischen diese Markierungen stellen Sie das Regalbrett hochkant auf die Rückseite der Rückwand. Mit zwei Linien zeichnen Sie seine Stärke an.

**14** Um ein Reißen des Holzes beim Verschrauben zu vermeiden, bohren Sie die Schraublöcher mittig zwischen diesen Linien vor.

**15** Legen Sie nun die Rückwand auf die Bretter und schrauben Sie sie von hinten fest. Je nach Breite der Regalbretter, müssen Sie kürzere oder längere Schrauben nehmen. Meine Regalbretter maßen etwa 9 cm in der Breite. Die Rückwand war circa 2,5 cm stark. Also nutzte ich 8 cm lange Schrauben, um weit ins Regalbrett zu dringen und ausreichende Stabilität zu erhalten.

## Befestigung der Aufhänger

**16** Die Aufhängung des Regals richtet sich nach seiner Belastung. Ich habe mich für eine einfache Variante mit zwei Bilderrahmenhaltern entschieden. Bei der Auswahl der Halter sollten Sie einkalkulieren, wie schwer das Wandregal bestückt sein wird.

# Garderobe mit Metallhaken

**Eine linear anmutende Garderobe aus Holz und Metall bringt Originalität in die Diele oder ins Schlafzimmer.**

### Maße
- 50 x 115 cm

### Material
- 3 Planken à 115 cm Länge für die Rückwand
- 2 Planken à 110 cm Länge für die Rückwand
- 2 Bretter à maximal 45 cm Länge für die Querstreben

## Vorbereitung der Rückwand

**1** Legen Sie die Latten für die Rückwand zur Begutachtung probeweise nebeneinander. Hier stammen sämtliche Planken von ein und derselben Palette, doch unterscheiden sie sich in der Länge. Ich wollte diese Unterschiede beibehalten, um so etwas wie einen Treppeneffekt zu erzielen. Die Enden habe ich zu Spitzen gesägt, weil das hübscher aussieht.

## Schrägschnitt der Enden

Ein Winkelmesser hilft Ihnen, den Winkel gleichmäßig anzuzeichnen. Je nach Breite der Planke kann er variieren. Ich habe mich für einen 55°-Winkel entschieden, weil er mir harmonisch schien. Es steht Ihnen frei, jeden anderen Wert zu wählen.

**2** Markieren Sie die Mitte der Latte.

**3** Mithilfe des Winkelmessers zeichnen Sie die gewünschte Schräge auf jede Planke. Sägen Sie die Enden mit dem Fuchsschwanz ab.

# GARDEROBE MIT METALLHAKEN

> 👍 **ZEITGEWINN**
> Nutzen Sie die Spitze der ersten Latte als Modell für die folgenden.

**4** Vergleichen Sie das Ergebnis, indem Sie die Planken nebeneinander legen.

## Vorbereitung der Querstreben

**5** Wenn Sie die Querstreben auf die Rückseite der Planken legen, sehen Sie, dass sie kürzer sind als die gesamte Breite. Das lässt die Garderobe leichter wirken, wenn sie an der Wand hängt.

Die Garderobe hebt sich von der Wand ab und die Querstreben bleiben unsichtbar. Sie sollten aber mindestens die Hälfte der äußeren Latten abdecken, damit die Garderobe ausreichend stabil bleibt.

**6** Legen Sie die Querstreben auf die Rückwand und messen Sie die gesamte Stärke, um die Schraubenlänge zu berechnen: Ziehen Sie 5 mm vom gemessenen Wert ab, damit die Schrauben sich nicht durch die Vorderseite bohren.

**7** Das Winkelmaß hilft Ihnen eine Markierung auf die Latten zu zeichnen, damit Sie die Querstreben rechtwinklig anbringen können.

## Befestigung der Querstreben

Das Holz, das ich für dieses Modell verwendet habe, war eher dünn (etwa 17 mm) und trocken. Um das beim Schrauben gefürchtete Reißen des Holzes zu verhindern, ist es sinnvoll, die Latten vorzubohren und die Löcher auszufräsen. Die ausgefrästen Rundungen nehmen den Schraubenkopf auf, so dass er perfekt im Holz versinkt.

**8** Zeichnen Sie die Bohrpunkte auf der Querstrebe auf.

**9** Es gibt ein sehr praktisches Werkzeug, das Bohren und Fräsen gleichzeitig erlaubt: der Bohrfräser. Arbeiten Sie regelmäßig mit Holz, wird er unentbehrlich sein!

GARDEROBE MIT METALLHAKEN

> **TRICK**
>
> Sobald Sie die Querstreben befestigen, werden Sie feststellen, dass nicht alle Planken perfekt nebeneinander liegen. Das können Sie mit Hilfe zweier Schraubzwingen ändern. Achtung: Dabei nicht die Unterleghölzer für die Klemmbacken vergessen, sonst hinterlassen sie Druckstellen in den Kanten der Rückwand. Ziehen Sie die Schraubzwingen Schritt für Schritt fest. Danach schrauben Sie die Querstreben fest, zuerst die äußeren, dann die inneren. Lösen Sie die Schraubzwingen erst, wenn Streben und Rückwand fest verschraubt sind.

**10** Damit die Querstrebe stabil rechtwinklig verläuft, verschrauben Sie sie durch zwei diagonal liegende Löcher mit den äußeren Planken und mit je einer Schraube in den mittleren Planken der Rückwand – es sei denn, Ihre Planken sind sehr breit. Dann können auch hier je zwei Schrauben notwendig werden.

## Die Position der Kleiderhaken

Ich entschied mich für fünf Metallhaken an dieser Garderobe. Natürlich können Sie sowohl die Anzahl als auch das Material der Haken nach eigenem Geschmack wählen. Ganz individuell gestalten Sie Ihre Garderobe mit Haken aus Treibholz, mit Tür- oder Schubladengriffen.

**11** In die Spitzen schraubte ich eher kurze Haken – für Handtaschen, Schals …

**12** Mit einer Holzleiste als Lineal bekommen Sie die Haken auf Linie. Sie können sie aber auch versetzt anordnen.

**13** Für den oberen Bereich habe ich größere Haken gewählt, um alle Arten von Jacken aufhängen zu können.

Manchmal kommt es vor, dass Schrauben das Holz durchbohren und leicht hervorstehen. Das ist hier auf der Hinterseite der Fall, nachdem die Haken an der Unterseite befestigt wurden. Meine Schrauben waren 20 mm lang, weil sie tragfähig sein sollten, die Latten aber hatten nur eine Stärke von 17 mm. Da die Schrauben nach hinten durchbrachen, stören sie optisch nicht, können aber beim Aufhängen zu Verletzungen führen. Um ihre Spitzen abzuschleifen, habe ich sie mit der Schleifscheibe einer Schleifmaschine vorsichtig Stück für Stück abgefeilt. Wenn man die Schleifscheibe dabei parallel zur Rückseite hält, vermeidet man, dass die Scheibe die Holzoberfläche aufraspelt.

GARDEROBE MIT METALLHAKEN

# Couchtisch

**Mit seinem schnörkellosen Design passt dieser niedrige Tisch ideal in ein Wohnzimmer, wo man Freunde empfängt, oder er ziert als Schreibtisch ein Kinderzimmer.**

### Maße
- 92 x 45 cm
- Höhe : 42 cm

### Material
- Tischplatte: 5 Planken à 92 cm
- Füße: 8 Latten à 40 cm
- Querstreben: 3 Bretter à 31 cm
- Leisten: 2 Latten à 60 cm / 2 Brettchen à 18 cm

## Die Tischplatte planen

**1** Legen Sie die Planken für die Platte zur Begutachtung probeweise aus. Je nach Ihren Wünschen und der Größe des Zimmers, wo der Tisch stehen soll, können Sie die endgültigen Maße wählen.

## Sägen und Zurichten der Tischbeine

 Bei diesem Projekt ist es wichtig, die Beine zuerst zu konstruieren. Für einen Wohnzimmertisch liegt ihre Höhe idealerweise zwischen 40 und 45 cm.

Die Latte, die ich hier verwendet habe, ist 8,5 cm breit. Am Fuß sind die Tischbeine 5 cm breit.

Markieren Sie zunächst eine Schnittlinie auf 40 cm Länge und sägen Sie die Latten für die Beine auf dieser Höhe ab. Zeichnen Sie auf der rechten Seite in Höhe von 5 cm eine Markierung. Von dort ziehen Sie einen Strich zur oberen Ecke der linken Seite. An dieser Linie sägen Sie die Latte durch. Die schraffierte Fläche wandert in den Abfall.

Wiederholen Sie diese Arbeitsschritte für alle acht kurzen Latten. Aus diesen acht gleichen Stücken werden vier Beine, indem man sie paarweise zusammenschraubt.

Um schneller sägen zu können und auch bei langen Schnitten saubere Kanten zu erhalten, empfiehlt sich für diesen Schritt eine Stichsäge.

③ Sind alle kurzen Latten schräg zugesägt, setzt man je zwei zu einem Tischbein zusammen. Zeichnen Sie sich die Stärke des Holzes auf, in das Sie schrauben, damit Sie dort Löcher vorbohren können.

> **👉 TRICK**
> Sie planen, den Couchtisch mehrmals zu bauen? Dann zeichnen Sie sich ein Modell der Beinteile auf ein Stück Sperrholz oder Karton, damit Sie beim nächsten Mal ums Messen herumkommen

④ So vermeiden Sie, dass das Holz beim Schrauben reißt. Nicht vergessen, die Löcher rund zu fräsen: es wirkt gepflegter. Wer es diskreter haben will, kann die Beinteile auch zusammenleimen.

## Querlatten sägen und Beine anordnen

**5** Damit Ihr Tisch im Gleichgewicht und stabil steht, müssen die Füße gleichmäßig ausgerichtet sein. 8 cm Abstand von der Schmalseite und 5 cm Abstand von der Längsseite der Tischplatte garantieren eine gute Lastenverteilung. Markieren Sie diese vier Stellen, indem Sie die Umrisse mit Bleistift einzeichnen.

**6** Stehen die Tischbeine exakt? Dann messen sie den inneren Abstand dazwischen. So finden Sie die Länge der Querstrebe heraus, die die Beine halten wird. Sägen Sie die drei Querstreben auf dieselbe Länge.

**7** Nehmen Sie sich eine gerade Holzleiste oder ein langes Lineal, um die Streben exakt in eine Reihe zu legen.

**8** Wenn Sie die Positionen für die Schrauben markiert, vorgebohrt und ausgefräst haben, schrauben Sie die Querstreben in die Platte.

**9** Um die Beine an die Streben zu schrauben, bohren und fräsen Sie die Löcher vor. Ich habe vier Schrauben im Maß 4 x 40 mm pro Tischbein verwendet, um einen guten Halt zu gewährleisten. Das ist wichtig, damit das Ganze fest steht.

## Aussägen der Tischleisten

**10** Sind die Beine festgeschraubt, fehlen nur noch die Zargen für ein gepflegtes Endergebnis.

Legen Sie die dafür vorgesehenen Leisten an die Beine und markieren Sie den schrägen Verlauf der Beine auf den Leisten.

> ☞ Die Anordnung der Beine kann auch bei genauem Arbeiten unterschiedlich ausfallen. Damit Sie trotzdem die richtige Schnittlinie für die Leisten ermitteln, legen Sie jeweils die originale Leiste an die Tischbeine. Nehmen Sie keinesfalls Leiste eins als Maßstab für Leiste zwei, sonst enden Sie mit falschen Längen und Schrägen.

**11** Wenn Sie die entsprechenden Löcher vorgebohrt und gefräst haben, schrauben Sie die Leisten in die Kanten der Querstreben.

**12** Unter Umständen fügen sich die fertigen Zargen nicht bündig an die Tischbeine. Mit einem kleinen Stiftnagel ohne Kopf regeln Sie das, indem Sie ihn durch die Leiste schräg ins Tischbein hämmern. Steht der Tisch richtig herum, wird diese Reparatur unsichtbar.

COUCHTISCH

# Schreibtisch

**Dokumente ordnen, ein paar Zeilen schreiben oder etwas skizzieren … Sie werden die Vielseitigkeit dieses Beistellschreibtisches zu schätzen wissen.**

**Maße**
- 46 x 100 cm
- Höhe: 75 cm

**Material**
- Beine: 4 Sparren à 74 cm Länge (Querschnitt 45 x 70 mm)
  + 2 Querstreben à 36 cm / 4 Latten à 36 cm
  + 4 Brettchen à 5 cm
- Tischplatte: 6 Planken à 100 cm

## Die Tischplatte vorbereiten

① Legen Sie die Planken für die Tischplatte zur Begutachtung nebeneinander und achten sie darauf, dass die Kanten sich bündig zueinander fügen. Messen Sie die Breite der Platte aus und notieren Sie sie für den weiteren Verlauf der Arbeiten; hier sind es 46 cm.

## Schnitt und Befestigung der Tischbeine

② Die ideale Höhe für einen Schreibtisch liegt bei etwa 75 cm. Da die Tischplatte etwa 2 cm stark ist, müssen die Beine auf 73 cm abgesägt werden.

Es ist wichtig, dass die vier Beine exakt gleich lang sind und die Sägeflächen gerade. Eine Handkreissäge kann Ihnen dabei von Nutzen sein.

③ Legen Sie zwei Beine beiseite. Die beiden anderen legen Sie der Länge nach hochkant auf die äußeren Kanten der Tischplatte. Messen Sie den Abstand zwischen den Innenseiten der Beine. Es sollte die Breite der Tischplatte abzüglich der doppelten Breite der Beine sein. Sägen Sie sich vier Latten und zwei Sparren auf diese Länge ab.

Für einen unkomplizierten Zusammenbau müssen Latten und Sparren wirklich gleich lang sein.

**4** Schrauben Sie je zwei Latten der Länge nach aneinander. Bohren Sie die Schraubstellen vorher an und fräsen Sie sie aus, damit die Schraubenköpfe ins Holz sinken und die Lage der Tischplatte nicht beeinträchtigen.

**5** Haben Sie beide Teile gut verschraubt? Dann stellen Sie eine Latte senkrecht in den entstandenen Winkel und sägen sie quer ab, so wie auf dem Foto dargestellt. Sie brauchen vier dieser hölzernen Rechtecke, um sie auf beiden Seiten ihrer Winkelstücke festschrauben zu können.

**6** Schrauben Sie nun beide Winkelstücke als Querstreben (Zargen) bündig an die oberen Enden zweier Tischbeine. Achten Sie darauf, dass Sie die Teile auf Stoß verbinden, damit Ihre Tischplatte später nicht wackelt.

MÖBEL AUS PALETTENHOLZ

**7** Nun schrauben Sie, nachdem Sie vorgebohrt und gefräst haben, ein Vierkantholz als Querstrebe in den unteren Teil des Tischbeinpaares. Ich habe es aus optischen Gründen auf 15 cm Höhe gesetzt. Je nach Stärke der Beinsparren berechnet sich die Länge der dafür benötigten Schrauben. Hier sind es 8 cm lange Schrauben für Sparren von 5 cm Stärke.

Für das zweite Beinpaar wiederholen Sie die Arbeitsschritte.

## Befestigung der Beine

**8** Stellen Sie die verbundenen Beinpaare auf den Boden und legen Sie die Latten, die die Tischplatte bilden sollen, darauf. Schrauben Sie zunächst die äußeren beiden Latten mit zwei diagonal zueinander sitzenden Schrauben fest. Behalten Sie den rechten Winkel zwischen Latten und Beinpaaren im Auge! Schrauben Sie nun die restlichen Latten fest.

## Fertigung der Schubladenaufnahme

**9** Für die Schublade konstruieren wir zunächst einen Schubkasten. Seine Tiefe entspricht der Breite der Tischplatte; hier 46 cm. Die Höhe können Sie selbst bestimmen. Die Maße der Schublade können Sie umgehend errechnen, und dann die Lade und den Kasten bauen.

Dabei gilt es Folgendes zu beachten:

- Für die Schubladen benötigen Sie sehr breite Latten, damit Sie ausreichend Höhe für Ihren Stauraum gewinnen. Ich habe 10 cm breite Planken verbaut.
- Wer eine große Schublade braucht, braucht erst recht einen großen Schubkasten. Hier messen die Planken 12 cm in der Breite.

Planken in dieser Breite finden Sie an den äußeren Seiten der Europaletten.

**10** Sägen Sie sich zwei Planken zurecht: Ihre Länge entspricht der Breite Ihrer Tischplatte. Dann sägen Sie sich die Latten für den Deckel des Schubkastens in der gewünschten Breite zurecht. Hier sind es 36 cm. Sie können diese Deckellatten auf die Planken schrauben oder nageln.

**11** Es gibt mehrere Möglichkeiten, den Schiebemechanismus zu bauen und den Schubkasten auf der Tischplatte zu befestigen:

- Sie können das Ganze aus Palettenholz bauen, was ich vorschlagen würde.
- Als Gleitschienen können Sie statt Holz auch Aluminium-Winkelprofile einsetzen. So reduzieren Sie die Höhe Ihres Schubkastens.
- Sie können dünnes Sperrholz für den Boden verwenden. Seine Maße wären dieselben wie die der Oberseite des Kastens.

Wenn Sie lieber zwei Latten einer Palette für den Schiebemechanismus verwenden wollen, gehen Sie wie folgt vor:

**12** Drehen Sie den Schubkasten um und legen Sie eine Latte der Länge nach hinein, Kante auf Kante, um die exakte Länge des Kastens auf der Latte markieren zu können. Schneiden Sie zwei Lattenstücke in dieser Länge zu.

**13** Schrauben Sie die beiden Stücke auf der Innenseite des Kastens oben an.

**14** Legen Sie den Kasten auf den Tisch, die Schienen nach unten und schrauben Sie ihn von unterhalb der Platte aus fest.

## Konstruktion der Schublade

Um die Maße Ihrer Schublade festzustellen, gehen Sie so vor:
- Für die zwei Seitenteile: Die Seitenteile der Lade sind so hoch wie das Innenmaß des Kastens – der Abstand zwischen Schiene und Deckel. Ihre Länge ist gleich der Länge des Schubkastens; hier 46 cm. Sägen Sie zwei Seitenteile zu.
- Für die Rückwand der Schublade: Messen Sie die Breite des Schubkastens aus. Davon ziehen Sie die Stärke der beiden Seitenteile ab plus einen Spielraum von 5 mm. Die Höhe der Rückwand entspricht der Höhe der Seitenteile. Sägen Sie eine Rückwand zu.
- Für die Front: Die Front bedeckt den Schubkasten bündig, hat also die Breite und die Höhe des Kastens.

**15** Schrauben Sie die Rückwand zwischen beide Seitenteile.

**16** Damit die Front richtig sitzt, schieben Sie die Lade in den Schubkasten. Legen sie dann die Front auf den Kasten und markieren Sie die Stellen, wo Sie Löcher vorbohren müssen.

**17** Für den Boden der Schublade habe ich den Rest einer Faserplatte genommen. Sie können auch Sperrholz verwenden oder jeden anderen festen Materialrest. Stellen Sie Ihre Lade darauf, ziehen Sie die Umrisse mit Bleistift nach. Schneiden Sie das Material zurecht und nageln Sie den entstandenen Boden auf der Unterseite der Lade fest.

**18** Als Knauf habe ich ein Stück Treibholz in die Mitte der Vorderseite geschraubt. Phantasie erwünscht! Lassen Sie ihr freien Lauf!

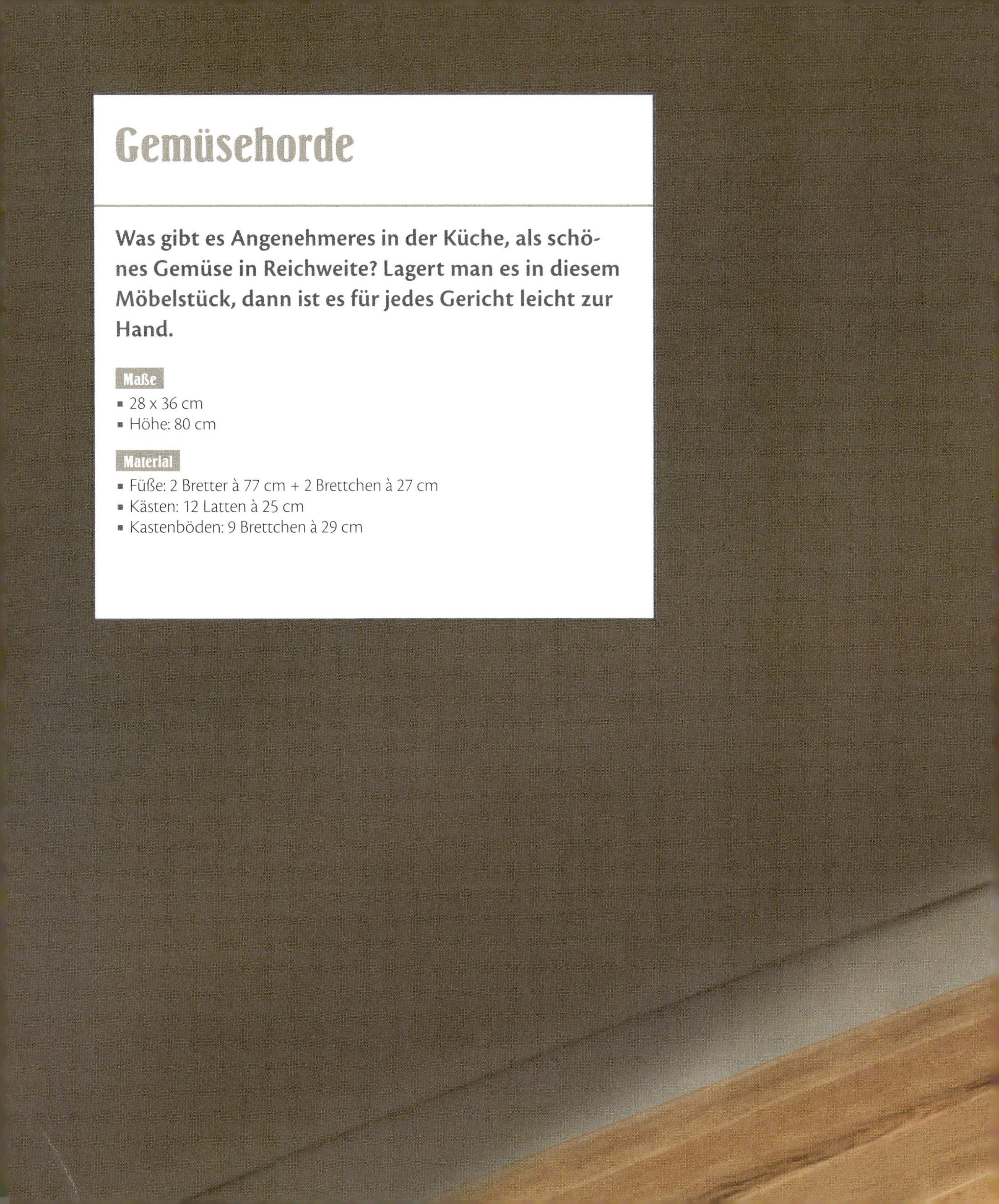

# Gemüsehorde

Was gibt es Angenehmeres in der Küche, als schönes Gemüse in Reichweite? Lagert man es in diesem Möbelstück, dann ist es für jedes Gericht leicht zur Hand.

**Maße**
- 28 x 36 cm
- Höhe: 80 cm

**Material**
- Füße: 2 Bretter à 77 cm + 2 Brettchen à 27 cm
- Kästen: 12 Latten à 25 cm
- Kastenböden: 9 Brettchen à 29 cm

## Wände zurechtschneiden

Wir starten mit einem Korb bzw. einem Kasten, in den Sie das Gemüse hineinlegen. Er besteht aus vier Latten für die Wände und drei Latten für den Boden. Seine Größe können Sie selbst bestimmen, je nach Wunsch und je nachdem, wie viel Material Sie haben.

① Als erstes sägen Sie sich für die Wände vier Bretter à 25 cm Länge zurecht.

② Stellen Sie die Latten hochkant zum Viereck, damit Sie die Länge der Bodenbretter bestimmen können. Hier sind es 25 cm plus zwei Mal die Stärke einer Planke.

③ Schneiden Sie je drei Bretter für die Kastenböden zurecht – hier sind es 28,5 cm – und legen Sie sie beiseite.

## Die Wände zusammenbauen

**4** Stellen Sie zwei Latten für die Wände im rechten Winkel genau aufeinander und markieren Sie die Stärke mit einem Bleistift; dasselbe wiederholen Sie auf der anderen Seite. Wiederholen Sie beide Schritte mit der verbliebenen Latte. Die Bleistiftstriche dienen als Hilfslinien für das Vorbohren der Löcher vor dem Zusammennageln. Nehmen Sie zum Vorbohren einen feinen Bohrer (2 mm): Der Nagel darf nicht locker ins Bohrloch gleiten, sondern muss fest sitzen, damit er die Wände auch zusammenhält.

> **TRICK**
> Beim Nageln versenken Sie erst einen Nagel auf einer Seite und beachten dabei, dass Ihre Planken passgenau aufeinander liegen. Dann schlagen Sie den diagonal gegenüberliegenden Nagel auf der anderen Seite ein. Auf diese Weise können Sie überprüfen, ob die Bretter Kante auf Kante liegen und nachbessern, bevor Sie den jeweils zweiten Nagel ins Holz setzen

**5** Für die Seiten des Kastens nageln Sie die dritte Planke rechts und links auf die Seitenwände; dann die vierte.

## Den Boden befestigen

**6** Legen Sie die drei Bodenlatten auf den genagelten Rahmen des Kastens, um ihre Positionen festzulegen und die Markierungen für das Vorbohren einzuzeichnen.

**7** Nageln Sie zuerst die beiden äußeren Latten fest. Das erleichtert das mittige Platzieren der dritten Latte. Fertig ist der erste Kasten!

GEMÜSEHORDE

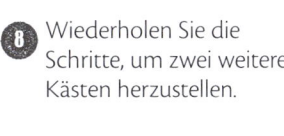 Wiederholen Sie die Schritte, um zwei weitere Kästen herzustellen.

## Füße zurechtschneiden

(9) Damit die Horde als Ganzes sich leicht nach hinten neigt, zeichnen wir eine Markierung im Winkel von 8° Grad auf die untere Kante der 77-cm-Bretter. Damit andererseits sich jeder Korb nach vorne neigt, schneiden wir die obere Kante in einem Winkel von 20° Grad ab.

(10) Sobald diese beiden Keile abgesägt sind, müssen nur noch die beiden Standbretter mit vier Schrauben befestigt werden. Fertig ist der Ständer für die Körbe!

## Die Körbe anschrauben

**11** Die 20°-Grad-Schräge am oberen Ende der Ständer hilft Ihnen dabei, die Punkte zu bestimmen, wo Sie die Körbe befestigen. Schrauben Sie den oberen Korb parallel zur Schnittkante des einen Ständerbeins an. Messen Sie nun die Länge des Beins von Korbunterseite bis Boden.

**12** Zeichnen Sie zwei weitere 20°-Grad-Winkel auf den Ständer. Stellen Sie die Kästen auf die gewünschte Stelle und prüfen Sie die Platzierung, bevor Sie zum Akkuschrauber greifen.

**13** Mit einer Grip- oder Feststellzange lässt sich das Anschrauben erleichtern, da sie die Kästen fest an Ort und Stelle hält.

GEMÜSEHORDE

# Niedriger Rolltisch

**Stellen Sie sich vor, Sie sitzen auf bequemen Kissen am Boden, lesen ein Buch zur Entspannung ... in Reichweite eine Tasse Tee auf einem hübschen, niedrigen Tischchen mit Rollen.**

### Maße
- 60 x 106 cm
- Höhe: 12 cm

### Material
- Tischplatte: 5 Planken à 100 cm Länge (11 cm Breite)
- Rahmen: 2 Balken à 100 cm Länge
  + 2 à 62 cm Länge (im Querschnitt 30 x 70 mm)
- Querstreben: 2 Sparren à 56 cm

## Zuschnitt der Balken für den Rahmen

**1** Legen Sie die Bretter für die Tischplatte nebeneinander und begutachten Sie, ob und wie sie zusammenpassen.

**2** Die zwei meterlangen Balken legen Sie daneben – der Länge nach.

Danach legen Sie die kurzen Balken an der Breitseite an, auf Stoß mit den Längsbalken. Markieren Sie die Schnittkante; sie liegt an der Außenkante des anderen Längsbalkens.

## Zuschnitt der Querstreben

③ Nun legen Sie die erste Querstrebe auf die Platte und markieren die Schnittstelle.

④ Mit der zweiten Querstrebe verfahren Sie genauso. Überprüfen Sie das Zusammenspiel des Ganzen mit den gekürzten Streben.

⑤ Markieren Sie die Stellen, wo Sie Löcher vorbohren müssen, um die Querstreben an die Tischplatte zu schrauben.

⑥ Sind die Streben verschraubt, zeichnen Sie ihre Umrisse auf die Balken des Rahmens. Innerhalb dieser Konturen bohren Sie zwei Löcher vor, damit Rahmen und Streben beim Nageln gut ausgerichtet sind.

**7** Falls nötig, halten Sie mit zwei Schraubzwingen Querstreben und Balken beim Nageln fest zusammen.

**8** Wie mit den Querstreben arbeiten Sie auch mit den kurzen Balken für den Rahmen. Markieren und bohren Sie auf jeder Seite zwei Löcher vor, bevor Sie den Rahmen zusammennageln.

Nun ist Ihr Tisch so weit, dass Sie ihn auf Rollen setzen können.

> ⚠ Wenn Sie die Balken für den Rahmen an die Querstreben nageln, liegt die Tischplatte verkehrt herum auf der Werkbank. Versichern Sie sich, dass die Platte plan auf der Werkbank aufliegt. Falls nicht, werden Rahmen und Platte nicht ebenmäßig sein, sobald Sie den Tisch drehen. Es könnte nötig sein, den Tisch von Zeit zu Zeit hochkant zu stellen und auf Sicht zu arbeiten. So können Sie besser überprüfen, dass alle Teile sich bündig zusammenfügen.

## Befestigung der Rollen

**9** Ich habe Rollen mit 50 mm Durchmesser gewählt, damit die Tischplatte in Bodennähe bleibt. Je nach Gusto können Sie auch größere Rollen wählen. Sollten die Teller unter der Rolle zu groß sein, um sie an den Rahmen zu schrauben, können Sie sie an die Querstreben montieren.

 Besorgen Sie sich feststellbare Rollen, damit Ihr Tisch sicher steht.

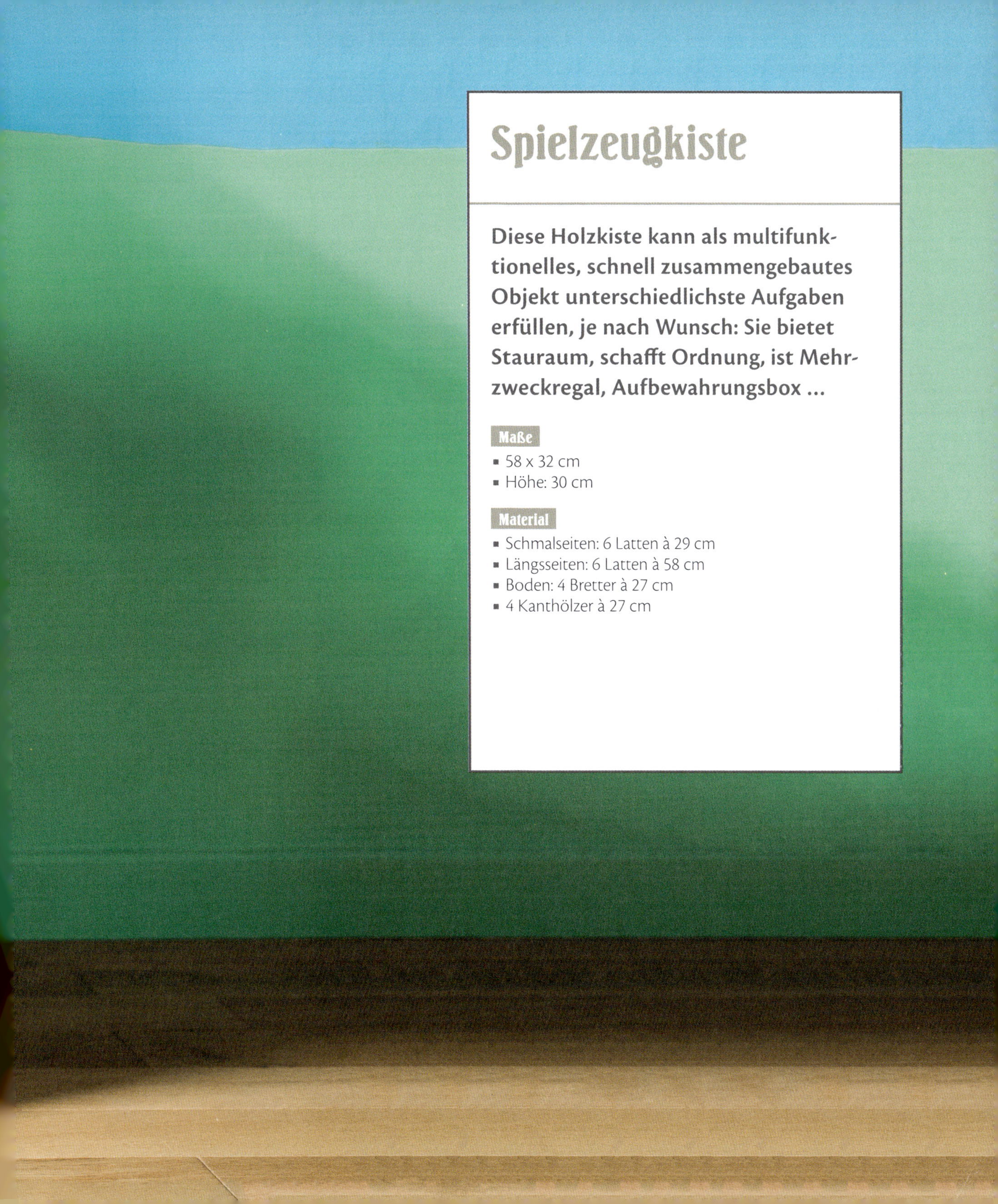

# Spielzeugkiste

Diese Holzkiste kann als multifunktionelles, schnell zusammengebautes Objekt unterschiedlichste Aufgaben erfüllen, je nach Wunsch: Sie bietet Stauraum, schafft Ordnung, ist Mehrzweckregal, Aufbewahrungsbox …

**Maße**
- 58 x 32 cm
- Höhe: 30 cm

**Material**
- Schmalseiten: 6 Latten à 29 cm
- Längsseiten: 6 Latten à 58 cm
- Boden: 4 Bretter à 27 cm
- 4 Kanthölzer à 27 cm

## Vorbereitung der Paneele

**1** Legen Sie die Bretter für die Längsseiten nebeneinander und stellen Sie ein Brett für die Schmalseiten hochkant bündig darauf. Markieren Sie seine Stärke mit einem Strich. Diese Hilfslinie zeigt Ihnen später, wo Sie das Kantholz anlegen müssen, wenn Sie die Kiste zusammenschrauben.

**2** Legen Sie ein Kantholz an die Hilfslinie.

> **MÖGLICHE VARIANTEN**
>
> **Schneiden Sie in die oberste Latte der Längsseiten eine Aussparung als Griff. Dann können Sie die Latten gleichmäßig anordnen.**
>
> **Zur Dekoration können Sie auch außen an den mittleren Brettern zwei Griffe befestigen (aus Metall, aus Treibholz …)**

**3** Drehen Sie das Ganze um und schrauben Sie die Bretter auf das Kantholz. Lassen Sie einen größeren Zwischenraum zwischen den beiden oberen Brettern, damit Sie die Kiste später tragen können.

Wiederholen Sie die Schritte 1 bis 3 für die zweite Längsseite der Kiste.

Ziehen Sie das erste Paneel heran, damit Sie auch für diese Kistenseite dieselben Abstände zwischen den Latten haben. Legen Sie dieses Paneel zur Seite: Es wird erst nach den beiden Schmalseiten befestigt.

## Zusammensetzen der verschiedenen Paneele

**4** Schrauben Sie nun die schmalen Seiten an die Kanthölzer. Danach schrauben Sie das zweite Paneel an die Kanthölzer. Sind alle Latten auch fest an die Hölzer geschraubt? Dann ist der Rahmen Ihrer Box fertig.

**5** Drehen Sie die Kiste nun um. Schrauben Sie die zwei Latten für den Boden von oben in die Kanthölzer, damit die Kiste stabil bleibt.

**6** Um zu vermeiden, dass das Holz sich spaltet, habe ich die mittleren Latten genagelt statt geschraubt, da sie eher dünn waren. Je nach Stärke Ihres Holzes können Sie es ähnlich halten. Um maximalen Halt zu erreichen, sollten Sie Nägel mit Ring- oder Spiralschaft verwenden, da die bei schweren Lasten besser im Holz haften.

## Mögliche Kombinationen und Größen

Wie schon gesagt: Die Kiste ist ein vielseitiges Objekt, sowohl in der Herstellung wie im Gebrauch. Wenn Sie die Maße verändern, können Sie auf Basis der Anleitung einen größeren Kasten mit mehr Stauraum und einer Sitzfläche bauen. Sie können sich auch Kästen in unterschiedlichen Größen bauen, sie aufeinander schrauben und so ein einzigartiges Regalsystem oder die Grundlage für eine Bibliothek schaffen.

SPIELZEUGKISTE

# Schuhbänkchen

Ein Möbel, in dem Sie ihre Schuhe und kleinere Accessoires verstauen, auf dem Sie aber auch Platz nehmen und bequem in Ihre Stiefel steigen könnten? Das wäre doch ein ideales Stück für Ihre Diele!

### Maße
- 120 x 42 cm
- Höhe: 42 cm

### Material
- Sitz: 5 Latten à 120 cm
- Sockelleiste: 1 Brett à 120 cm
- Trennwände: 6 Bretter à 40 cm als Füße + 15 Bretter à 40 cm
- Boden: 5 Latten à 37 cm + 5 Planken à 74 cm
- Regalbrett für die Schuhe: 5 Planken à 74 cm + 2 Kanthölzer à 40 cm

## Vorbereitung der Wände

① Zuerst fertigen wir zwei Seitenwände und eine Mittelwand an, alle drei im selben Maß.

Legen Sie je fünf Bretter für die Wände nebeneinander aus. Legen Sie an diese Fläche eine Querlatte als Fuß. Markieren Sie die benötigte Länge und sägen Sie die Latte durch. Sie brauchen für jede Wand zwei dieser Füße bzw. Fußstützen.

② Nehmen Sie zwei dieser Querlatten und legen Sie sie exakt auf Stoß ans untere Ende der Wand. Um sie unsichtbar befestigen zu können, müssen wir die Schrauben von innen setzen. Es ist also wichtig, dass Sie die Wand mit der Vorderseite nach unten auf Ihre Werkbank legen.

## Die Sitzfläche und die Regalbretter vorbereiten

③ Legen Sie nun die Planken, die die Sitzfläche bilden Seite an Seite aus. Ziehen Sie rechts außen zwei Linien über diese Sitzfläche: einmal die Stärke der soeben gefertigten Wand und dann die Stärke der inneren Fußstütze. Insgesamt also die Breite der Seitenwand ohne die äußere Fußstütze. Auf dem Foto steht die äußere Latte für die Wand und die innere Latte für deren innere Fußstütze. So erhalten Sie zwei Hilfslinien.

# SCHUHBÄNKCHEN

**4** Von der inneren Hilfslinie aus messen Sie 74 cm ab und markieren dort wiederum mit zwei Strichen die Stärke einer Wandfläche.

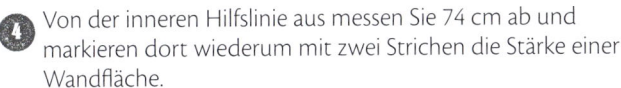

Die Maße, von denen ich ausging, ergeben ein Möbel von 120 cm Länge. Sie können natürlich eine andere Länge wählen. Der Plan ist, dass die Sitzfläche leicht übersteht und dass die Abstellmöglichkeiten unter ihr im Verhältnis 1:2 angeordnet sind.

**5** Von der inneren Hilfslinie aus messen Sie nun 37 cm ab und markieren dort wiederum mit zwei Strichen die Stärke einer Wandfläche. Dank dieser Linien wissen Sie, wo Sie die Löcher zum Anschrauben der Sitzfläche an die Wände vorbohren und ausfräsen müssen. Legen Sie nun die Sitzfläche beiseite.

**6** Für die Abstellflächen (hier 37 cm und 74 cm lang), sägen Sie fünf Latten à 37 cm und zehn Planken à 74 cm zurecht.

Schrauben Sie die kurzen Latten zwischen zwei aufrecht gestellte Wände – beginnend mit den äußeren Brettern, damit Sie die Winkelgenauigkeit in den Griff bekommen.

**7** Mit fünf 74 cm langen Planken wiederholen Sie den Vorgang. Dann sollte Ihr Objekt wie auf dem Foto dastehen.

## Das zweite Regalbrett befestigen

**8** Legen Sie ein Kantholz an die Mittelwand. Markieren Sie die Länge: Sie entspricht der Tiefe des Bänkchens. Schneiden Sie zwei gleiche Hölzer zurecht. Bohren und fräsen Sie Löcher vor, damit die Schrauben das Holz nicht sprengen.

**9** Nun schrauben Sie die Kanthölzer jeweils 15 cm über dem Regalboden fest.

**10** Als Regalbrett schrauben Sie die fünf Planken à 74 cm auf den Kanthölzern fest, wie schon gehabt erst die äußersten Bretter, dann die inneren.

## Die Sitzfläche herstellen

**11** Nutzen Sie die Hilfslinien, die Sie in den Schritten 3 bis 5 gezogen haben, beim Vorbohren und Ausfräsen der Löcher.

**12** Wenn Sie die äußeren Sitzbretter zuerst auflegen, lassen sich die mittleren leichter anpassen. Den Überstand rechts und links nicht vergessen! Schrauben Sie sie fest.

Zuletzt schrauben Sie die Sockelleiste an die Vorderseite. Fertig! Links können Sie Stiefel abstellen oder einen Kasten für Handschuhe, Mützen, etc. hineinschieben. Auf S. 67 erfahren Sie, wie Sie so einen Kasten bauen können.

# Polsterbank

Gönnen Sie sich gerne eine Lektüre nah am Fenster mit schönem Lichteinfall? Dann wird diese Polsterbank für Sie schnell unverzichtbar werden.

**Maße**
- 160 x 53 cm
- Höhe: 40 cm

**Material**
- Sitz: 6 Planken à 160 cm (für ausreichende Festigkeit ist eine Stärke von 28 mm nötig)
- Beine: 10 Bretter à 40 cm
- Querstützen: 3 Balken à 48 cm (45 x 70 mm im Querschnitt)

## Die Beine bauen

**1** Nehmen Sie acht 40 cm lange Bretter und stellen Sie jeweils zwei rechtwinklig aufeinander, wie im Foto dargestellt. So erhalten Sie vier Beine.

**2** Sie können die Beine entweder zusammenschrauben oder -nageln, je nach Lust und Laune.

## Sägen der Querstützen

**3** Damit die Bank solide und stabil wird, müssen Sie dickere Balken als Querstreben einsetzen: Sie sollten mindestens doppelt so dick sein wie die Bretter für die Beine, denn wir werden sie mit einer Überblattung befestigen. Diese Holzverbindung hat den Vorteil, dass man zwei Teile miteinander verbinden kann, aber die ursprüngliche Stärke des Balkens dabei erhält.

**4** Um die Länge der Querstrebe festzulegen, stellen Sie die Beine auf die Sitzfläche, als wären sie bereits daran festgeschraubt, und messen den inneren Abstand. Dieses Maß übertragen Sie auf die Strebe und sägen sie zurecht.

**5** Legen Sie ein Bein auf die Querstrebe und übertragen Sie seine Konturen auf jede Seite des Balkens. Die schraffierten Flächen (Bild unten) zeigen die Teile, die abgesägt werden müssen, damit die Beine befestigt werden können.

**6** Sägen Sie den Balken zuerst von oben bis zur Mitte ein.

**7** Dann befestigen Sie das Werkstück in einem senkrechten Schraubstock – ein faltbarer Werktisch eignet sich perfekt dafür – und sägen entlang der vertikalen Linie bis zu Ihrem ersten Schnitt. Dabei muss man die Säge manchmal leicht justieren, damit die beiden Schnitte sich treffen und das schraffierte Stück sich löst.

**8** Ihr Werkstück sieht dann aus wie der vordere Balken im Foto. Wiederholen Sie den Vorgang für den zweiten Balken.

## Die mittlere Querstütze zurechtsägen

**9** Legen Sie die Latten für die Sitzfläche mit der Oberseite nach unten auf die Werkbank. Nachdem Sie sie gut ausgerichtet haben, legen Sie den Balken für die mittige Querstrebe auf. Sägen Sie ihn so zurecht, dass noch Platz für das mittlere Beinpaar bleibt. Danach bohren sie Löcher vor und schrauben die Strebe in der Mitte der Sitzfläche fest.

**10** Verstärken Sie diese Befestigung, indem Sie von der Oberseite der Sitzfläche aus zusätzlich Nägel in den Balken treiben.

## Befestigung der Füße

**11** Legen Sie eine Querstrebe an die Schmalseite der Sitzfläche – zwischen die aufgestellten Beine. Halten Sie die Strebe mit einer Schraubzwinge in Position.

Drehen Sie die Sitzfläche um und schrauben oder nageln Sie die Strebe von oben fest. Wiederholen Sie den Vorgang mit der zweiten Querstrebe.

**12** Drehen Sie die Sitzfläche wieder um und stellen Sie die Beine auf. Kennzeichnen Sie die Bohrlöcher, bohren und fräsen Sie sie vor. Schrauben Sie die Beine fest.

**13** Befestigen Sie die mittleren Beine an der Mittelstrebe. Legen Sie Polster oder Kissen auf – nehmen Sie Platz!

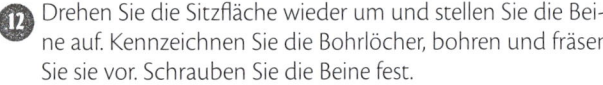

POLSTERBANK

# Weinregal

**Eine einfache und praktische Lösung, mit der Sie Ihren Lieblingswein immer in Reichweite haben. Perfekt für den spontanen Aperitif!**

### Maße
- 60 x 24 cm

### Material
- Querstreben: 3 Latten à 59 cm
- Regalboden für die Flaschen: 1 Brett à 55 cm
- Glashalterung: 1 Brett à 55 cm
- Seitenwände: 2 Latten à 23 cm

## Zuschneiden der Halterung für die Gläser

Dieses Regal sollte 59 cm in der Breite messen, damit es z. B. zwischen zwei Küchenelemente passt, die die Standardbreite von 60 cm haben.
Selbstverständlich können Sie es nach Ihren Bedürfnissen umändern. Die Konstruktion bleibt dieselbe. In diesem Modell bringen Sie sechs Flaschen und sechs Gläser unter.

> Es ist wichtig, dass die Bretter für Seitenwände und Boden breit genug sind (hier 9,5 cm), damit auch große Flaschen Platz finden.

**①** Schneiden Sie das Brett für die Glashalterung auf 55 cm Länge zu. In gleichen Abständen, etwa alle sechs bis sieben Zentimeter, sägen Sie zwei Zentimeter tiefe Kerben in das Holz. Es ist ratsam zu kontrollieren, ob diese Einteilung für Ihre Gläser ausreicht: Stellen Sie Ihre Gläser Seite an Seite auf die Werkbank und messen Sie den nötigen Platz zwischen zwei Gläsern aus.

## Die Seitenwände sägen

**②** Für die Seitenwände sägen Sie zwei Latten auf 23 cm Länge zu. Wenn Sie die obere Partie mit einer Stichsäge rund absägen, wirkt das Regal schöner und weniger eckig.

## Querstreben anschrauben

**3** Stellen Sie die Glashalterung auf die Werkbank und markieren Sie die Punkte, wo Sie Löcher vorbohren und ausfräsen müssen. Danach schrauben Sie Wände und Halterung zusammen.

**4** Drei Zentimeter über der Halterung ziehen Sie sich eine Hilfslinie: Sie zeigt, wo Sie das Regalbrett für die Flaschen anbringen müssen. Löcher vorbohren, Boden anschrauben, fast geschafft!

## Querstreben anschrauben

**5** Messen Sie die Länge Ihres Weinregals aus und sägen Sie drei Bretter auf dieses Maß zu: Eines hält die Flaschen vorne, eines hinten und eines das Regal an der Wand.

**6** Legen Sie die erste Querstrebe Kante auf Kante zum Brett, das die Flaschen trägt. Schrauben Sie sie in den vorgebohrten und ausgefrästen Löchern fest.

Drehen Sie das Werkstück und schrauben Sie die zweite Querstrebe an – parallel zu ersten.

**7** Oben an den Seitenwänden richten Sie die dritte Querstrebe aus und schrauben sie ebenfalls fest.

# WEINREGAL

# Wandgarderobe in Groß

Passend zum bereits vorgestellten Schuhbänkchen gibt es eine Wandgarderobe für Ihre Mäntel, Schirme, Schlüssel ...

### Maße
- 80 x 100 cm

### Material
- Rückwand: 8 Planken à 1 m
- Querstreben: 2 Planken à 80 cm
- Regalbrett: 1 Brett à 80 cm
- Kleines Bord: 1 Brettchen à 24 cm
- Ablage: 5 Brettchen à 26 cm

## Die Rückwand vorbereiten

① Legen Sie die acht Planken für die Rückwand nebeneinander auf den Boden. Spielen Sie mit den Abständen zwischen den Brettern. Messen Sie die beiden Querstreben aus, die das Ganze halten, und sägen Sie sie auf die gewünschte Länge zu.

② Legen Sie die Querstreben auf die Rückwand und kennzeichnen Sie die Punkte, wo Sie Löcher vorbohren und ausfräsen werden.

③ Messen Sie die Abstände vom oberen und unteren Rand der Rückwand (hier 17 cm), wo Sie die Streben anbringen wollen und markieren Sie sich Hilfslinien dafür. Nehmen Sie mindestens zwei Schrauben, um die äußeren Planken zu befestigen, damit Ihre Garderobe sich nicht verzieht.

## Das Regalbrett zuschneiden und anbringen

**4** Stellen Sie das Brett hochkant auf die Rückwand, messen Sie die richtige Länge aus und sägen Sie es zu. Legen Sie die Stelle fest, wo das Regalbrett verlaufen soll und ziehen Sie zwei Hilfslinien, zwischen denen Sie die Löcher vorbohren.

**5** Für einen guten Halt schrauben Sie das Regalbrett mit langen Schrauben fest. Idealerweise reichen sie bis zur Mitte des Brettes.

## Die Ablage konstruieren

**6** Ordnen Sie die drei Brettchen für die Vorderseite der Ablage nach Ihrem Wunsch auf der Rückwand an. Stellen Sie dann die Brettchen für die Seitenwände hochkant daneben und markieren Sie, wo Sie sie in der Länge kürzen müssen.

**7** Mithilfe eines Brettchens ziehen Sie eine diagonale Hilfslinie wie auf dem Foto. Die schraffierte Fläche müssen Sie wegschneiden.

⑧ Für die zweite Seitenwand der Ablage gehen Sie genauso vor.

⑨ Nageln Sie dann die Brettchen, Vorderseite nach vorne, an die Schrägen.

⑩ Der nächste Schritt? Legen Sie das Werkstück auf die gewünschte Stelle der Rückwand und markieren Sie die Stärke der Seitenwände mit je zwei Bleistiftstrichen. Zwischen den Strichen bohren und fräsen Sie Löcher vor. Schrauben Sie die Ablage fest.

## Das kleine Bord befestigen

**11** Aus einem übrig gebliebenen Brett schneiden Sie ein kleines Bord heraus. Es bringt die Garderobe optisch ins Gleichgewicht. Ich habe ein dickes Brett genommen, das z. B. eine Pflanze tragen kann. Markieren Sie auf der Höhe, auf der Sie das Bord anbringen wollen, zwei Hilfslinien auf der Rückwand. Bohren und fräsen Sie vier Löcher vor und schrauben Sie das Bord von hinten an Ihre Garderobe.

**12** In die Unterseite des Bords können Sie zwei oder drei Haken drehen, die z. B. als Schlüsselaufhänger dienen können.

**13** Bringen Sie noch zwei Haken an, für Mäntel oder Taschen – der Besuch kann kommen! .

# Regalleiter

Dieses Regal findet in Ihrem Badezimmer sicher einen Platz, um Hand- und Badetücher aufzunehmen, oder auf Ihrer Veranda, als schöner Standort für Pflanzen oder dekorative Kleinigkeiten.

### Maße
- 42 x 50 cm
- Höhe: 150 cm

### Material
- Seitenwände: 4 Planken à 150 cm (10 cm Breite)
- Querstreben: 2 Latten à 11 cm / 2 à 20 cm / 2 à 28 cm/ 2 à 38 cm / 2 à 46 cm
- Regalböden: 18 Bretter à 38 cm

## Die Seitenwände bauen

① Zunächst bestimmen wir die Position der Beine: Legen Sie zwei lange Planken so auf die Werkbank, dass sie sich an einer Seite überkreuzen, ähnlich zwei Uhrzeigern. Verändern Sie den Winkel, bis Sie die gewünschte Form erhalten.

Den Abstand der Beine voneinander am Boden, messen Sie mit einem Zollstock an den unteren Enden der Planken. Ich habe eine Spanne von 50 cm gewählt.

② Wenn Sie den gewünschten Winkel festgelegt haben, ziehen Sie eine Hilfslinie an der inneren Seite der oberen Latte, die Schnittkante. Die schraffierte Fläche müssen Sie wegschneiden.

Eine Stichsäge erleichtert Ihnen dabei die Arbeit. Schleifen Sie die gesägte Kante ab, damit sie glatt wird und sich beide Beine leichter verbinden lassen.

3) Damit das untere Ende der Beine gerade auf dem Boden steht, müssen Sie es schräg abschneiden.

Legen Sie die Beine so aus, als wären sie bereits verschraubt. Legen Sie eine gerade Latte parallel zum hinteren Bein aus. Schieben Sie das vordere Bein so in Position, dass seine äußere Ecke exakt auf die untere Kante der Richtlatte läuft: Die innere Ecke lugt hervor wie auf dem Foto. Ziehen Sie eine Hilfslinie, sägen Sie das schraffierte Stück ab und heben Sie es für den folgenden Arbeitsschritt auf.

Für das zweite Seitenteil wiederholen Sie den Vorgang mit den beiden anderen langen Planken.

## Zuschnitt und Befestigung der Querstreben

**4** Stützen Sie die Seitenteile gegen einen rechten Winkel, damit Sie sicher sind, dass die Beine eine gerade Linie bilden. Befestigen Sie z.B. mit zwei Schraubzwingen ein Brett als Stütze an der Seite Ihres Werktisches.

Legen Sie dann die Position für die Querstreben fest. Es wird auch die Position für drei Ihrer Ablagen sein.

Über der untersten Ablage habe ich viel Platz gelassen, um größere Sachen verstauen zu können. Wählen Sie selbst die Abstände, die Sie jeweils benötigen.

**5** Sobald Sie wissen, wo und wie die Querstreben sitzen sollen, sägen Sie sie zurecht, hinten gerade vorne schräg. Wie Sie die richtige Schräge herausfinden? Legen Sie die Querstrebe an Ihren Platz, Kante auf Kante mit dem hinteren Bein. Nun steht vorne ein Dreieck über: Das markieren Sie und sägen es ab.

Nicht vergessen: Je nach Position sind die Querstreben natürlich länger oder kürzer.

> 👍 **ZEITGEWINN**
> Beim Sägen des Seitenteils in Schritt 1 sollten Sie das abgeschnittene Holzstück aufbewahren. Wenn Sie es nun Unterkante auf Unterkante auf die Querstrebe legen, sehen Sie genau den Winkel, den Sie vorne an der Strebe markieren müssen. Ich habe das abgeschnittene Stück auf eine bereits richtig gekürzte Strebe gelegt: Sehen Sie, dass beide Winkel übereinstimmen?

**6** Später werden wir Verstärkungen auf der Regalleiter anbringen müssen, daher entscheiden wir jetzt, an welcher Stelle sie sitzen sollen.

Berücksichtigen Sie bitte, dass die unterste, mittlere und oberste Querstrebe verkürzt sein werden.

Um ihre Länge richtig zu kalkulieren, legen Sie das Brett auf, das als Verstärkung dienen soll, bevor Sie die Querstrebe in der Länge zuschneiden.

Für die Querstreben dazwischen gilt: Sie verbinden die beiden Beine so wie auf dem Foto links oben dargestellt.

**7** Sobald Sie die Querstreben zurechtgesägt haben, markieren Sie die Stelle, wo sie angebracht werden müssen.

Sie können schon jetzt die Löcher vorbohren und ausfräsen, dann tun Sie sich beim Anschrauben später leichter.

## Die Ablagen bauen

**8** Nehmen Sie je ein Paar Querstreben und schrauben Sie die Regalbretter darauf, die Sie bereits in der von Ihnen gewünschten Regalbreite zurechtgesägt haben. Ich habe eine Breite von 40 cm gewählt.

Das oberste Regalbrett besteht aus einem, das unterste aus sechs Brettchen. Je nachdem, was Sie in dieser Regalleiter unterbringen wollen, können Sie die einzelnen Brettchen auf Stoß anbringen oder zwischen ihnen kleine oder größere Abstände lassen.

# REGALLEITER

**10** Sie können die Vorderseite abhobeln und glattschmirgeln, um sie zu entgraten und scharfe Kanten zu vermeiden.

**9** Bauen Sie alle Regalbretter nach dem Muster des ersten zusammen.

## Die Regale befestigen

**11** Nun müssen Sie Ihre Regale nur noch an den Beinen anschrauben. Dabei können Sie auch gleich die beiden Seitenteile miteinander verbinden und so das Ganze stabilisieren.

Legen Sie die Seitenteile an die Stütze, die Sie in Schritt 4 benutzt haben, damit Ihr Regal später gerade steht.

Bohren und fräsen Sie die Löcher vor, wenn Sie es nicht bereits getan haben, und schrauben Sie Ihre Regalbretter an: zuerst das unterste, dann das zuoberst. So bekommt Ihr Regal Stabilität und Stand im rechten Winkel. Befestigen Sie dann die übrigen Ablagen.

**12** Haben Sie die Ablagen am ersten Seitenteil festgeschraubt, legen Sie das zweite Seitenteil an die Stütze, drehen das Regal und verschrauben die Bretter mit dem anderen Seitenteil.

**13** Gleich ist das Ganze fertig. Wir müssen nur noch die verstärkenden Stützen, deren Position seit Schritt 6 feststeht, anschrauben.

**14** Ordnen Sie die Stützen auf der Rückseite der Regalleiter an, damit Sie die nötige Länge markieren können. Sägen Sie sie zurecht und schrauben Sie sie oben, mittig und unten hinter dem jeweiligen Regalbrett fest.

> ☞ Da die Planken von Paletten selten wirklich gerade verlaufen, kann es passieren, dass Ihr Leiterregal nun noch justiert werden muss und sie einige Ablagen erneut ab- und wieder festschrauben müssen, bis es wirklich gerade steht. Diese Feineinstellungen sichern den guten Stand auf dem Boden und sorgen dafür, dass Ihr Möbel nicht kippelt.

REGALLEITER

# Kräuterkasten

Mit frischen oder getrockneten Kräutern zu kochen ist ein Vergnügen. Mit diesem Regal in der Küche haben Sie beides immer in Reichweite.

### Maße
- 60 x 70 cm

### Material
- Seitenteile: 2 Latten à 70 cm
- Querstreben: 5 Bretter à 60 cm
- Boden für Kästchen unten: 1 Brettchen à 56 cm
- Schrägen: 2 Brettchen à 56 cm

## Querstreben und Kästchen sägen

**1** Sägen Sie fünf Bretter auf 60 cm Länge zu. Aus den vier ersten bauen Sie die Rückseite, die fünfte wird zur Vorderseite des untersten Abteils.

**2** Auf die vier Bretter legen Sie hochkant die beiden 70 cm langen Seitenteile, Kante auf Kante wie das Foto zeigt.

**3** Messen Sie nun von Innenkante zu Innenkante und schneiden Sie drei Brettchen auf dieses Maß zu.

**4** Markieren Sie die Stärke der Seitenteile auf den Querstreben, damit Sie die Löcher vorbohren und ausfräsen können.

> Ein Brettchen muss dieselbe Breite haben wie die Seitenteile, die beiden anderen müssen etwas breiter sein, da sie die Schrägen bilden. Meine Seitenteile hier sind 8 cm breit, die Schrägen 10 cm.

## Zuschneiden und Befestigung der Querstreben

**5** Messen Sie die Stärke des Brettchens, das als Boden für das untere Kästchen vorgesehen ist. Bohren und fräsen Sie die Löcher vor. Schrauben Sie dann das Brettchen unten in die Seitenteile.

**6** Drehen Sie das Werkstück: Die Kopfseite zeigt jetzt zu Ihnen. Legen Sie es mit der Vorderseite auf die Werkbank.

**7** Schrauben Sie eine erste Querstrebe oben auf die Seitenteile, damit das Ganze sich nicht mehr verziehen kann.

**8** Drehen Sie das Werkstück wieder um und schrauben Sie die Vorderseite des Kästchens unten fest.

MÖBEL AUS PALETTENHOLZ

**9** Nun legen Sie das Werkstück wieder mit der Vorderseite nach unten auf Ihre Arbeitsfläche. Markieren Sie 12 cm über der untersten Querstrebe auf den Seitenwänden die Punkte, wo die zweite Querstrebe sitzen muss. Legen Sie die Strebe auf und markieren Sie 12 cm über ihrer Oberkante die nächsten Punkte usw. Natürlich können Sie die Querstreben nach eigenem Gutdünken anordnen. Schrauben Sie die Querstreben in die Seiten.

## Befestigung der Schrägen

**10** Legen Sie den Kräuterkasten rücklings auf die Werkbank. Schieben Sie die erste Schräge auf die zweite Querstrebe, so dass die Vorderkante mit der Vorderkante der Seitenwände abschließt – siehe Foto.

**11** Achten Sie darauf, dass die Schräge Unterkante auf Unterkante zur hinteren Querstrebe verläuft.

Dann zeichnen Sie die Schräge mit zwei Linien auf den Seitenteilen an, um das Vorbohren der Löcher zu vereinfachen.

⑬ Ihr Kräuterkasten ist gebrauchsfertig! Wenn Sie wollen, können Sie oben noch eine Abstellfläche schaffen, indem Sie ein weiteres Brett anbringen. An ihm könnten Sie auch Aufhänger für die Wandmontage anschrauben.

Wenn Sie den Kräuterkasten mit Erde füllen, um Pflanzen hineinzusetzen, sollten Sie ihn vorher mit Plastikfolie auskleiden. Andernfalls stellen Sie die Pflänzchen im Topf hinein und nehmen sie zum Gießen heraus.

⑫ Schrauben Sie nun die Schräge von außen zwischen die Seitenwände. Verfahren Sie mit der zweiten Schräge genauso.

# Sofa

In Ihr Wohnzimmer, Ihr Gästezimmer oder auf die Terrasse kann dieses zweisitzige Sofa eine puristische Note bringen und für kuschelige Behaglichkeit sorgen. Draußen können Sie es aufstellen, wenn Sie einen geeigneten Holzschutz aufbringen.

### Maße
- 122 x 55 cm
- Höhe: 90 cm

### Material
- Sitzfläche: 5 Planken à 115 cm + 3 Querstreben à 55 cm + zwei Blenden à 115 cm
- Rückenlehne: 4 Planken à 115 cm + 3 Querstreben à 45 cm + 2 Blenden à 115 cm
- Beine: 4 Planken à 60 cm
- Armlehnen: 2 Bretter à 55 cm

## Die Sitzfläche zuerst

**1** Legen Sie die Planken für die Sitzfläche mit Abständen so aus, dass sie eine Fläche von 55 cm Tiefe bilden. Stellen Sie zwei Querstreben an den Enden hochkant auf. Markieren Sie, auf welche Längen Sie sie kürzen müssen und zeichnen Sie ihre Stärke auf die Sitzfläche. Letzteres erleichtert es Ihnen, Löcher vorzubohren.

**2** Fräsen Sie die Löcher aus und schrauben Sie die Bretter auf die Querstreben.

> 👍 Schrauben Sie immer zuerst nur eine Schraube in die äußeren Bretter, damit Sie den rechten Winkel ermitteln können. Erst dann befestigen Sie die zweiten Schrauben und die inneren Bretter.

**3** Sägen Sie zwei Latten auf die Länge der Sitzfläche zu: Sie dienen als Blenden für vorne und hinten. Bohren und fräsen Sie die Löcher vor und schrauben Sie beide Blenden an die Querstreben.

☞ Falls Ihre Latten für einen festen Sitz nicht stark genug sind, sollten Sie sie mit einer weiteren Querstrebe mittig stützen. Hierfür messen Sie die Innenseite von Blende zu Blende, sägen die Strebe auf dieses Maß und verschrauben Sie sowohl mit den Blenden wie mit der Sitzfläche. Sie können diesen Arbeitsschritt machen, wenn Sie die Beine anschrauben und das Sofa austesten.

## Die Rückenlehne

Der Bau der Rückenlehne folgt denselben Regeln wie die Sitzfläche, lediglich die Maße sind andere.

④ Legen Sie die Bretter für die Lehne so aus, dass sich eine Seitenlänge von 45 cm bildet. Stellen Sie die Querstreben hochkant darauf und zeichnen Sie ein, wo Sie kürzen müssen. Die Stärke der Querstreben markieren Sie ebenfalls, damit Sie vor dem Schrauben Löcher vorbohren und ausfräsen können.

# MÖBEL AUS PALETTENHOLZ

**5** Messen Sie die Querstrebe für die Mitte der Lehne aus und sägen Sie sie zu. Auch hier markieren Sie die Holzstärke, um Löcher vorbohren und ausfräsen zu können. Schrauben Sie die Strebe fest.

**6** Die Lehne ist fertig, sobald Sie oben und unten die Blenden angeschraubt haben.

## Zuschnitt und Befestigung der Füße

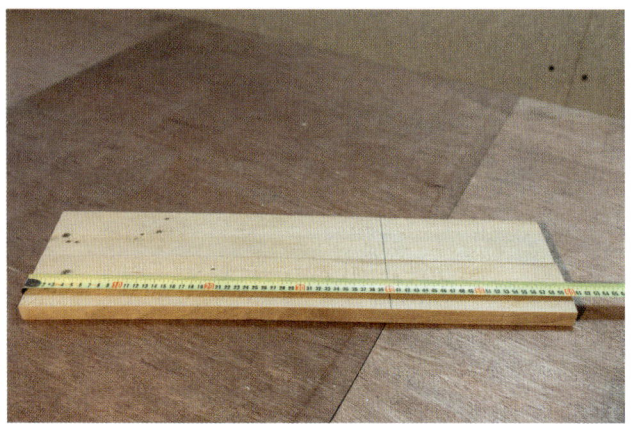

**7** Sägen Sie vier Füße à 60 cm Länge aus einem Balken oder einem Brett zu, das stark genug ist, um das Sofa samt Ihnen und Ihrem Besuch zu tragen.

> 👍 Wenn Sie keine wirklich stabilen Bretter gefunden haben, gewinnen Sie soliden Halt für Ihr Sofa, indem Sie einfach zwei Bretter zusammenschrauben. Auf diese Weise ersetzen Sie fehlende Balken.

**8** Ziehen Sie in 40 cm Höhe eine Linie auf jedem Bein: Sie zeigt Ihnen später wo die Oberkante der Sitzfläche verläuft, wie Sie auf dem Foto sehen können.

**9** Markieren Sie die Löcher und bohren Sie sie vor.

**10** Stellen Sie das Werkstück nun auf und überprüfen Sie, ob es gerade steht. Falls nicht, justieren Sie die Beine.

## Die Rückenlehne anbringen

**11** Richten Sie die Lehne zwischen den Überständen der rückwärtigen Beine ein und zwar so, dass sie schräg auf der hintersten Latte der Sitzfläche steht. Die gewünschte Schräge muss ausreichend Kontakt mit dem Überstand der Beine haben, damit Sie dort die Lehne gut befestigen können.

Behelfen Sie sich mit Schraubzwingen, um die Lehne beim Anschrauben in ihrer Position zu halten.

## Armlehnen zusägen und befestigen

**12** Messen Sie von Außenkante zu Außenkante der Beine, um die Länge der Latten festzulegen, aus der die Armlehnen werden sollen. Löcher vorbohren, anschrauben, sich setzen und sich zurücklehnen!

Sie können sich für schmale Armlehnen entscheiden, so wie hier, und damit dem Ganzen Leichtigkeit verleihen oder Sie wählen breitere Lehnen und haben es dadurch bequemer.

# Regal mit Fächern

**Dieses Regal ist ein Alleskönner!** In der Diele oder im Schlafzimmer kann es als Garderobe und Kleiderablage dienen, in der Küche als Gewürz- und Geschirrschränkchen … Es ist an Ihnen, ihm die richtige Rolle zu geben!

### Maße
- 83 x 30 cm
- Höhe: 48 cm

### Material
- Außenwände: 6 Latten à 48 cm
- Zwischenwände: 6 Brettchen à 24 cm
- Kanthölzer: 2 à 22 cm + 2 à 24 cm
- Regalbrett unten: 3 Planken à 80 cm (Breite 7 cm)
- Regalbrett oben: 3 Planken à 80 cm (Breite 10 cm)
- Querstreben oben und unten: 2 Planken à 80 cm

## Die seitlichen Wände ausführen

Ich wollte, dass dieses Möbelstück oben weiter vorspringt als unten, daher habe ich für das obere Regalbrett breitere Planken gewählt. Im letzten Foto sieht man den Effekt am besten.
Sie können diese Idee übernehmen oder für beide Regalbretter gleich breite Planken wählen.

① Legen Sie die Planken für die obere und untere Querstrebe so aus, dass Sie gemeinsam mit den Regalbrettern für oben und unten die Grundstruktur des Regals bilden. Stellen Sie eine Außenwand dazu, auf die Sie die Konturen übertragen. So sehen Sie, wo Sie Löcher vorbohren müssen.

② Sie sollten eine Linienführung erhalten, die der auf den Fotos entspricht. Bohren Sie Löcher vor und fräsen Sie sie aus.

**3** Legen Sie die Latten für die Seitenwände nebeneinander, damit Sie die endgültige Höhe und Breite für die Seiten erhalten. Legen Sie zwei Kanthölzer auf, die die Latten zusammenhalten.

**4** Sie werden feststellen, dass die Kanthölzer unterschiedlich lang sind. Das liegt daran, dass das untere Kantholz auf der Querstrebe ruht, also kürzer ist.

Sägen Sie die beiden Kanthölzer entsprechend zu und schrauben Sie sie an die drei Latten der Seitenwand, um sie zusammenzuhalten. Wiederholen Sie die Arbeitsschritte für die zweite Seitenwand.

## Das Regal zusammenbauen

**5** Wenn die Kanthölzer verschraubt sind, markieren Sie die Stellen, wo die Regalbretter auftreffen sollen, damit Sie dort Löcher vorbohren können.

**6** Schrauben Sie die vier Planken, mit denen Sie Schritt 1 vollzogen haben, zusammen.

**7** So erhalten Sie die Basis für das Regal, wie Sie auf dem Foto erkennen können.

**8** Schieben Sie zwei Latten für die Zwischenwände zwischen die Regalbretter. Mithilfe eines Schlägels können Sie sie sauber platzieren.

Ich habe sie in 20 cm Abstand zu den Seitenwänden eingefügt, sodass ich mittig ein größeres Fach erhielt.

Hilfslinien bei jeweils 20 cm Abstand zu den Seiten lässt Sie die richtigen Stellen finden. Dort bohren Sie auch die Löcher vor und schrauben die Zwischenwände fest.

**9** Nun fügen Sie je zwei Latten an das obere und untere Regalbrett und verschrauben sie mit den Seitenwänden.

**REGAL MIT FÄCHERN**

**10** Dann schieben Sie die restlichen Latten für die Zwischenwände ein und verschrauben Sie durch die vorgebohrten Löcher mit den Regalböden.

**11** Ihr Regal ist fertig.

## Finish

**12** An die untere Querstrebe können Sie vier Haken schrauben. Je nachdem, was sie aufhängen wollen, können Sie auch mehr oder anders geformte Haken nehmen.

ISBN 978-3-8094-3834-2

1. Auflage

© 2018 by Bassermann Verlag, einem Unternehmen der Verlagsgruppe Random House GmbH, Neumarkter Straße 28, 81673 München

© der französischen Originalausgabe 2017 by Éditions Massin – Société d'Information et de Créations (SIC). Die Originalausgabe erschien auf Französisch unter dem Titel *Meubles en Palettes*.

Texte und Fotos: Lionel Cerdin

Jegliche Verwertung der Texte und Bilder, auch auszugsweise, ist ohne die Zustimmung des Verlags urheberrechtswidrig und strafbar.

Sollte diese Publikation Links auf Webseiten Dritter enthalten, so übernehmen wir für deren Inhalte keine Haftung, da wir uns diese nicht zu eigen machen, sondern lediglich auf deren Stand zum Zeitpunkt der Erstveröffentlichung verweisen.

Die Projekte in diesem Buch dürfen nur für den eigenen Bedarf nachgebaut werden. Jede Verwendung für kommerzielle Zwecke ist ohne Genehmigung des Designers bzw. des Verlags nicht erlaubt.

Projektleitung dieser Ausgabe: Dr. Iris Hahner
Umschlaggestaltung: Atelier Versen, Bad Aibling
Übersetzung: Gabriele Hoffmann, München
Redaktion und Producing: Dr. Alex Klubertanz
Herstellung: Elke Cramer

Die Informationen in diesem Buch sind von Autor und Verlag sorgfältig geprüft, dennoch kann eine Garantie nicht übernommen werden. Eine Haftung des Autors sowie des Verlags und seiner Beauftragten für Personen-, Sach- und Vermögensschäden ist ausgeschlossen.

Verlagsgruppe Random House FSC® N001967

Druck und Bindung: DZS Grafik d.o.o., Ljubljana

Printed in Slovenia